ROME CAPITALE

IMPRESSIONS D'UN CHRONIQUEUR

PAR

VICTOR FOURNEL

Extrait du CORRESPONDANT

PARIS

CHARLES DOUNIOL ET Cⁱᵉ, LIBRAIRES-ÉDITEURS

29, RUE DE TOURNON, 29

1874

ROME CAPITALE

IMPRESSIONS D'UN CHRONIQUEUR

PARIS. — IMP. SIMON RAÇON ET COMP., RUE D'ERFURTH, 1.

Extrait du CORRESPONDANT

ROME CAPITALE

IMPRESSIONS D'UN CHRONIQUEUR

PAR

VICTOR FOURNEL

PARIS

LIBRAIRIE DE CHARLES DOUNIOL ET Cⁱᵉ, ÉDITEURS

29, RUE DE TOURNON, 29

1874

ROME CAPITALE

I

Rome est la patrie commune de tous les catholiques. De quelque côté qu'ils y viennent, ils sont sûrs de s'y retrouver chez eux et d'y vivre en famille. Cette vérité banale devient plus indiscutable encore s'il s'agit des Français. Nulle autre nation n'a mieux que la nôtre marqué sa trace à Rome, et n'a eu l'honneur d'associer plus intimement son histoire à celle de la Ville éternelle. On y rencontre la langue, les souvenirs, les établissements et les fondations de notre pays à chaque pas, depuis la Villa-Médicis, d'où est sortie l'élite de l'école nationale, jusqu'à la Trinité-des-Monts, construite par Charles VIII, restaurée par Louis XVIII, dont les armes de France décoraient jadis le portail, et au seuil de laquelle les religieuses du Sacré-Cœur parlent notre langue au pèlerin ; depuis l'église Saint-Louis-des-Français, bâtie aux frais de Catherine de Médicis, décorée par Natoire, Parrocel et Lemoyne, à côté du Guide et du Dominiquin, où les murs des chapelles, les plaques des piliers et les inscriptions des tombes nous parlent des cardinaux d'Ossat et de Bernis, de Claude Lorrain, de Seroux d'Agincourt, de Chateaubriand, de Pierre Guérin, de Pimodan, en associant à ces noms illustres les noms obscurs de nos pensionnaires de l'Académie de France, morts pendant le cours de leurs études, et de nos soldats tombés pendant le siége de Rome en 1849, jusqu'au séminaire français de Santa-Chiara, aux Trappistes de Saint-Paul *alle tre fontane*, aux Frères de la Doctrine chrétienne établis dans un coin du palais Poli, et aux humbles Sœurs de la Providence, qui prodiguent leurs soins maternels à l'éducation de l'enfance des deux sexes. Nos diverses provinces y ont aussi leurs établissements pieux, et sur la liste des 389 églises de Rome, Saint-Yves-des-Bretons, Saint-Claude-des-Bourguignons et Saint-Nicolas-des-Lorrains tiennent leur place non

loin de Saint-Jacques-des-Espagnols et de Saint-Jérôme-des- Escla-
vons.

La basilique de Saint-Pierre est la paroisse du monde entier.
Cette idée s'exprime sous une forme visible et très-grande en sa
simplicité, par les confessionnaux du transsept, dont chacun est af-
fecté à une nationalité spéciale, et où, à certaines heures, se chu-
chottent en même temps, dans le murmure des aveux et l'échange
des entretiens sacrés entre Dieu et l'âme pénitente, tous les idiomes
qui se parlent sur la face du globe.

Le caractère cosmopolite de Rome se retrouve dans les visiteurs
qu'elle attire. On y vient en pèlerinage artistique ou religieux de
toutes les parties de l'univers. La table d'hôte de *la Minerve* ressemble
à une académie polyglotte. Dès le milieu de septembre, après la saison
des fièvres, l'Europe et l'Amérique s'ébranlent pour se mettre en
marche sur Rome. Murray, Bœdeker et Du Pays guident des flots
d'émigrants à la conquête d'une des plus grandes jouissances ré-
servées ici-bas à un esprit cultivé et à une âme chrétienne. Le *yes* et
le *ia* se croisent à tous les coins de rues avec le *si* et le *oui* des races
latines. Toutefois, l'Anglais des derniers jours de septembre et des
premiers jours d'octobre n'est qu'une avant-garde dédaignée des
hôtels de premier ordre. C'est le commerçant de la Cité, le *snob*
de moyenne envergure, le *cockney* débonnaire qui, toute sa vie, a
rêvé le voyage à Rome et fait des économies pour réaliser son
rêve : moyennant cinquante livres, un entrepreneur l'a expédié
sur le Corso avec une caravane d'autres cockneys aussi modestes et
aussi dociles que lui. Tout est réglé d'avance : le rosbif qu'il mange
à dîner, la tasse de thé qu'il boit le matin et le soir, la ruine qu'il
doit admirer aujourd'hui et le monument devant lequel il poussera
en chœur, avec ses compagnons, l'*aoh* traditionnel. Chaque jour il
avale consciencieusement sa dose de tableaux et la bouteille de vin
de bordeaux frelaté à laquelle il a droit. On lui dit : « Venez ici, » et
il vient; « Allez là, » et il y va; « Regardez ceci, » et il regarde;
« Tournez la tête à droite, à gauche, en haut, en bas, en avant, en
arrière, » et il la tourne. On lui apprend la longueur exacte de Saint-
Pierre, la hauteur de la coupole et la dimension des statues : ces
renseignements instructifs et substantiels enchantent le *snob*, et il
rentre se coucher, pour aller le lendemain matin faire procession-
nellement le tour du Colisée, monter au sommet, regarder la vue
que recommande Murray, compter le nombre des marches et des
arcades, et noter sur son calepin que l'amphithéâtre a 546 mètres
de circonférence; l'arène 92^m,57 sur 59^m,11 ; que les gradins et la
terrasse pouvaient contenir 107,000 spectateurs, et que le *velarium*
se composait de 240 voiles, maniées par 480 hommes. Le véritable

Anglais, l'Anglais proverbial, qui voyage avec sa femme, ses six
filles, une lorgnette-Krupp suspendue à ses côtés, cannes, para-
pluies, couvertures de voyage, valises, sacs de nuit, gibecières,
malles gigantesques ferrées d'acier, qui consomme largement, qui
tarit toutes les bouteilles de vin de champagne sur son passage,
qui fait le vide autour de lui, que les hôteliers saluent avec obsé-
quiosité, qui commande avec morgue et paye avec ampleur, celui-là
n'arrive pas avant le mois de novembre.

Quant à l'Allemand, c'est autre chose. L'Allemand, jadis casanier,
voyage beaucoup maintenant. Si vous ne l'aimez pas, il faut vous y
habituer, car il se met partout. Non que la guerre l'ait enrichi,
mais il a pris une plus haute idée de sa valeur, et l'envie de se montrer lui est venue en même temps que la conscience intime de sa
supériorité, désormais bien assise et bien établie. Un ami, qui revient de Suisse, me dit que les Allemands s'y comportent comme
en pays conquis. Ils sont chez eux, ils parlent haut, ils plantent leur
drapeau sur les glaciers et dans les salles à manger. Les hôtels sont
en train de transformer leurs habitudes pour ces clients nouveaux,
et de germaniser leur cuisine, leurs garçons et leur service. A Rome,
il n'en est pas encore tout à fait ainsi. Néanmoins, l'élément prussien s'étend et fait tache d'huile. Le Berlinois se sert de la langue
française pour médire de la France avec l'Italien. Il étale en famille,
à table d'hôte, sa tête carrée, sa large poitrine et son solide appétit.
Il erre au Forum et parmi les ruines du Palatin de l'air d'un homme
qui appartient à la grande Allemagne, patrie de l'intelligence et de
la science infuse, en possession des secrets de l'antiquité comme
des promesses de l'avenir. Dans ce pays où la haine de l'Allemand
était une tradition séculaire et nationale, et qui a fait sa révolution
au cri de *Fuori le Tedeschi* ! il peut voir de toutes parts l'Allemagne
adulée, la Prusse copiée, M. de Bismark suivi comme un modèle et
un chef de file. La légation prussienne s'est installée sur le haut
du Capitole. Est-ce un pur hasard? Je le veux bien. Avouez, du
moins, que le hasard a parfois des rencontres significatives et
piquantes. Rome fait décorer ses palais par les artistes germaniques,
et va demander à l'Institut allemand ses professeurs d'archéologie.
Dans l'armée, dans l'instruction, dans la politique, dans la presse,
jusque dans la littérature et les arts, le Prussien se sent courtisé par
l'émulation de l'Italie. En parcourant le Corso, il se mire aux vitrines des kiosques dans les caricatures que *Dom Pirloncino* em-
prunte au *Kladderadatsch* de Berlin, pour former l'esprit et le cœur
du peuple de Rome : le prince de Bismark balayant les jésuites,
ou maniant la *Bismarkiana*, « petite machine, dit la légende, in-
ventée par le célèbre mécanicien dont elle porte le nom, pour

amortir l'ardeur des orateurs trop éloquents, et que la modestie de son prix, la simplicité de ·ses moyens et les résultats obtenus en Allemagne nous font recommander à qui de droit. » La Bismarkiana représente deux prédicateurs étouffés en chaire par d'énormes *abat-voix* en plomb qu'un Prussien, sous les traits du grand-chancelier, manœuvre à l'aide d'une poulie et laisse retomber sur eux. J'ai surpris un jour un couple berlinois riant d'un gros rire devant cette épaisse facétie, en compagnie d'un gardien de la sécurité publique que sa dignité condamnait à plus de retenue, et qui se contentait de sourire doucement.

Mais, Dieu merci ! la France non plus n'est pas absente de Rome, et je l'y ai trouvée sous les traits les plus aimables et les plus français. Heureuses rencontres dont le souvenir reste étroitement associé à mes impressions de pèlerin ! Je ne sais rien de plus doux qu'un tel voyage côte à côte avec des amis en communauté de goûts et de croyances ; où l'échange des idées affermit les admirations, échauffe les enthousiasmes, double les impressions en les partageant. On se complète l'un l'autre ; on se tend la main, comme dans l'escalade d'une montagne à pic, et celui qui tout à l'heure marchait derrière est heureux de se retrouver devant, pour rendre à son compagnon le secours qu'il en a reçu et l'attirer à son tour vers le sommet. On met ce que l'on sait et ce que l'on sent en commun, et l'on en fait un fonds social où chacun puise sans compter. C'est ainsi que j'ai vu Rome, autant qu'on peut voir en quelques semaines ce qui demanderait des années. Rome ressemble à un monde plus qu'à une ville. Elle embrasse l'immensité de l'histoire et résume les annales mêmes de l'humanité, en deçà et au delà du christianisme, de Romulus à Constantin, et de saint Pierre à Pie IX. Elle a été le plus grand théâtre de la force matérielle et de la force morale ; elle est restée le centre de l'univers et la capitale du monde, même depuis qu'elle est la capitale de l'Italie. Il faudrait tout savoir et tout sentir, avoir l'esprit ouvert à toutes les formes du vrai, de la grandeur et du beau ; être érudit, archéologue, historien, artiste, critique, joindre la foi de Benoît Labre à la science ingénieuse d'Ampère, au sens esthétique de Winckelmann, à la sagacité subtile de Rossi, pour être sûr de la connaître et de la comprendre. « Rome, a écrit Gœthe quelque part, est une mer dont la profondeur augmente à mesure qu'on y avance ; » et c'est à peine si j'ai pu, comme il le dit encore ailleurs de lui-même, puiser quelques tasses à cet Océan.

Mais s'il est déjà difficile de voir Rome, comment entreprendre d'en parler ? L'immensité d'une tâche plutôt accrue qu'allégée par tant de travaux antérieurs, a de quoi faire reculer le plus intrépide. Ce ne serait pas trop d'une année et d'un in-quarto : je n'ai que quelques jours et quelques pages. Modeste chroniqueur, condamné à effleurer les choses, esclave de l'actualité, enfermé dans le cercle étroit de mes aptitudes, j'abandonne volontiers l'ensemble de ce grand sujet, qui m'épouvante autant qu'il m'attire, pour imiter ces pâtres de la campagne romaine, qui s'arrangent une cabane dans le coin le plus obscur d'une ruine majestueuse. En n'étudiant dans cette Rome âgée de deux mille six cents ans que la Rome de 1874, le chef-lieu du Piémont; en me bornant à rechercher, sans sortir du terrain artistique, ou même simplement pittoresque, et sans m'élever aux considérations politiques, morales ou religieuses d'un ordre supérieur, ce que Rome a déjà perdu, ce qu'elle est menacée de perdre encore sous la main de ses nouveaux maîtres, je fais tenir le sujet dans le cadre de mes attributions comme de ma compétence, et je le ramène aux proportions de la chronique.

II

Le bilan serait long à dresser, dès aujourd'hui, de toutes les destructions dont la capitale du catholicisme a payé l'honneur de devenir la capitale de l'Italie, de tous les monuments consacrés par les merveilles de l'art ou par la grandeur des souvenirs, que les vainqueurs ont déjà altérés, dénaturés, confisqués. Mais Rome, nous le verrons tout à l'heure, a plus à redouter encore de leurs embellissements que de leurs destructions. Dans une ville pareille, les plans des syndics amis du progrès et les votes d'une municipalité qui veut se mettre à la hauteur du siècle, peuvent avoir des effets plus désastreux et plus irréparables que les obus italiens qui, le 18 septembre 1870, ont criblé les deux basiliques de Sainte-Croix-en-Jérusalem et de Saint-Jean-de-Latran, et les balles qui s'amusaient à prendre pour cibles les statues de la porte Sainte-Agnès.

Je n'ai pas à examiner ici la loi sur les corporations religieuses, qui a étendu la main du gouvernement sur des trésors de science et d'art. « Tant mieux, dit-on, puisque c'est pour mettre sur le chandelier la lumière qui était sous le boisseau. » Mais si cette loi permet de réunir et d'exposer dans le plein jour des musées les objets dispersés et enfouis dans l'ombre des monastères, elle a permis aussi de transformer en casernes des cloîtres dont le plus grand nombre étaient par eux-mêmes des œuvres d'art. Voilà le revers de la médaille, et l'on aurait tort de négliger cette autre face de la question.

Qui ne sait que la plupart des églises de Rome, aussi bien que de Florence, sont accompagnées de cloîtres qui en forment le complément naturel et presque nécessaire? L'architecture du temple s'y prolonge, le trop-plein des tableaux et des statues s'y déverse; les murs y sont tapissés d'inscriptions, de fresques et de tombes souvent magnifiques. La Chartreuse de Sainte-Marie-des-Anges est l'œuvre de Buonarotti, qui l'a taillée de sa main puissante dans les ruines des Thermes de Dioclétien. Pas un touriste qui n'allât visiter pieusement cet immense enclos, appuyé sur cent colonnes, avec les quatre cyprès gigantesques plantés par Michel-Ange autour de la fontaine centrale, et qui ne fût frappé de recueillement devant ces longues galeries, mystérieuses et solennelles, où la délicate élégance des lignes s'allie à la grandeur et à la simplicité de la conception. Les Piémontais en ont fait d'abord une écurie; puis, cédant à la clameur publique, un magasin d'équipement militaire. Aujourd'hui, la Chartreuse de Michel-Ange, encombrée de soldats et de baraquements, coupée par des cloisons qui masquent et défigurent ses sveltes arcades, a été ravie à l'admiration publique. M. Taine, qui l'a si amoureusement décrite, ne la retrouvera plus à son prochain voyage à Rome.

On peut bien enlever les toiles, les sculptures, les boiseries d'un couvent, pour les entasser dans un musée; on n'en saurait guère enlever les fresques, pas plus que transporter les colonnes. C'est pourquoi l'occupation des monastères a rendu inaccessibles des trésors qui auparavant étaient la propriété de tous. Dieu sait ce qu'il m'a fallu d'efforts et d'attente pour arriver jusqu'à la *Cène* de Vasari, dans le réfectoire de l'ancien couvent des Carmes, à Florence. A Naples, j'avais été moins heureux : aucune sollicitation, même appuyée de l'irrésistible argument d'un billet de banque (de cinquante centimes), n'a pu me faire ouvrir au Castel-Nuovo, chef-d'œuvre de Giovanni da Pisa, la porte de la chapelle gothique, métamorphosée en succursale de la salle d'armes, où se morfond, entre les masques et les fleurets, un énergique tableau de Ribéra. A Pérouse, on a campé des soldats dans le cloître qui sert de vestibule à San Pietro de' Casinensi, et où s'ouvre l'unique porte de cette admirable église dont Bonfigli, le Pérugin, le Spagna, le Pinturicchio, le Bassan, Caravage, Titien et Raphaël ont fait un des plus riches musées religieux qui se puissent voir. Il faut passer au milieu d'eux pour entrer dans la basilique. San Pietro est la seule église de Pérouse dont la junte municipale n'ait pas confisqué les trésors artistiques au profit de sa Pinacothèque. Mais le sort de ses compagnes n'est pas de nature à la rassurer, et déjà les nécessités d'un pareil voisinage ont forcé les bénédictins qui l'administrent à boucher la chapelle de Saint-Joseph, ensevelissant ainsi dans l'ombre d'anciennes et excellentes copies d'André del Sarte, avec le monument de la comtesse Baldeschi, dessiné par Overbeck. Je pourrais aisément multiplier ces exemples. Et comment ne pas songer à l'antipathie naturelle qui semble exister entre l'élément militaire et l'élément artistique — *res maxime dissociabilis*, comme disait Tacite, — surtout lorsqu'on vient de revoir à Milan, dans l'ancien réfectoire de Sainte-Marie-des-Grâces, le spectre, si lamentablement ravagé, du *Cenacolo* de Léonard de Vinci !

Je ne parle que pour mémoire des bibliothèques des couvents. Il y avait là sept à huit cent mille volumes, répartis à souhait sur les divers points de Rome, libéralement ouverts à tout travailleur, administrés par des bibliothécaires zélés et érudits, dont le cardinal Pitra, de la bibliothèque du Vatican, et dom Luigi Tosti, du Mont-Cassin, peuvent passer pour d'assez beaux types. Le président de Brosses, en 1740, visita la collection du couvent de la Minerve et en fut émerveillé. « Le vaisseau, dit-il, est grand, clair, commode, distribué à deux étages par une tribune, comme celle du roi à Paris ; elle est publique, presque toujours remplie de gens qui y travaillent. J'y ai trouvé d'excellents manuscrits de Salluste, que l'on me collationne actuellement. On y est bien servi et de bonne grâce. » Les conquérants de Rome se sont emparés de ces richesses. Çà et là les soldats ont délogé les vénérables in-folios par les fenêtres avec plus de précipitation que de respect, et, si j'en crois les récits qui courent, non sans maints épisodes burlesques ou grossiers, rappelant, les uns, le grand combat des chantres et des chanoines dans *le Lutrin*, les autres, le *déménagement* de l'archevêché de Paris par la populace en 1831. Après avoir subi dans les cours l'intempérie des saisons, ils ont été centralisés je ne sais où. Le gouvernement parle d'en faire de nouvelles bibliothèques publiques ou d'en enrichir celles qui existent déjà[1]. Il eût été plus simple, plus utile et plus juste de les laisser où ils étaient. J'aime à croire que, le moment venu, tous ces trésors se retrouveront intacts. Mais, en attendant ce jour, qui n'arrive pas vite, combien de richesses enfouies, que de travaux brisés et que de temps perdu !

Avez-vous visité, sur la route de Naples à Rome, l'antique monastère du Mont-Cassin, l'un des berceaux de l'ordre savant dont il est resté la plus illustre maison ? C'est un lieu de pèlerinage pour tout esprit cultivé. Le chrétien y vient vénérer les traces de saint Benoît ; l'artiste étudier les œuvres de Luca Giordano, de Solimène, du chevalier Conca, de Bélisaire Corenzio, des frères Bassan, de Mazzaroppi, de Marc de Sienne ; le savant puiser à l'admirable bibliothèque, riche en incunables, en éditions *princeps*, en manuscrits précieux, et dans les 800 chartes, bulles et diplômes des archives, dont quelques-

---

[1] Il est question de trois grandes bibliothèques, dont l'une serait établie à la Minerve même

uns remontent jusqu'au neuvième siècle. En feuilletant ces raretés qu'un bibliophile payerait leur poids de diamant : le *Rationalis*, sorti des presses de Jean Furst en 1459 ; le *Lactance*, imprimé au monastère de Subiaco, en 1465, par Conrad Shweynheim et Arnold Pannartzs, qui introduisirent les premiers l'art typographique en Italie ; le Tite-Live de 1472, et, parmi les manuscrits, des livres de prières et des missels illustrés de précieuses miniatures, le commentaire d'Origène sur l'épître de saint Paul aux Romains, traduit par Rufus en 569 ; les sermons de saint Augustin, le Virgile en caractères lombards du dixième siècle, avec les vers achevés, le Dante du quatorzième siècle, accompagné de notes marginales, dont l'imprimerie du couvent a donné une édition récente, la volumineuse correspondance de Montfaucon, de Mabillon, de Muratori, de Tiraboschi, de Ruinart, avec un moine du Mont-Cassin, ma pensée se reportait vers les bibliothèques des monastères de Rome : je ne pouvais songer sans effroi qu'un jour peut-être cette mine presque unique, où des myriades de travailleurs sont venus fouiller sans l'épuiser, laissée par tolérance pure à la garde des savants religieux, partagerait le sort commun, et qu'un acte de spoliation, qui serait en même temps un acte de vandalisme, la disperserait loin des lieux où elle s'est formée par une série d'agglomérations séculaires et dont elle est en quelque sorte un produit naturel.

Cette parenthèse nous a un moment éloignés de Rome : il est temps d'y rentrer. Si le gouvernement italien a pris les cloîtres pour y loger ses soldats et quelquefois ses bureaux, il a pris les palais publics pour y loger les ministères et les Chambres. C'est une destination un peu plus noble et moins dangereuse, sans doute, que l'emploi de caserne. Cependant elle a eu pour conséquence, d'abord de les enterrer sous une couche uniforme de l'affreux badigeon administratif, puis de soustraire à la *masse*, si je puis ainsi dire, quelques-uns des monuments de Rome les plus vantés par les *Guides* et les plus goûtés par les touristes. Au Palais-Madame, où le Sénat loge pendant la semaine et la loterie les dimanches, l'écusson monumental qui décorait si noblement la façade au-dessus du grand balcon et que supportaient deux anges de marbre blanc, est tombé sous le marteau. Au Palais du Mont-Citorio, qui donne asile à la Chambre des députés, en détruisant les grillages ouvragés et les bornes-colonnes à hauteur d'appui qui encadraient l'escalier extérieur et se reliaient aux lignes du palais, ils en ont dénaturé le caractère, et en prenant la vaste cour à hémycicle et à fontaine pour y bâtir leur salle des séances, incommode, mal distribuée, mal éclairée, ils ont détruit sans profit réel une des plus belles œuvres du Bernin.

Les églises ne sont pas plus en sûreté que les palais et les cloîtres. Il y a quelques mois, on a abattu, sur la place Paganica, la petite église de Saint-Valentin : ce n'était pas un monument illustre, mais c'était le souvenir et la consécration de la maison d'un martyr. La commission archéologique est résolue, dit-on, à détruire toutes les églises du Forum : Sainte-Marie-Libératrice, élevée sur l'emplacement où les vestales entretenaient le feu sacré et où le peuple brûla le corps de César; SS. Luca-e-Martino et S. Adriano, bâties sur les restes de constructions antiques ; SS. Cosma-e-Damiano, où les mosaïques chrétiennes du sixième siècle se mêlent aux débris du temple de Romulus; San Lorenzo in Miranda, où l'on entre par le portique du temple de Faustine ; Santa Francesca Romana, où l'on reconnaît les ruines d'un double temple construit par Adrien et qui garde, avec une des plus antiques images de la Vierge attribuées à saint Luc, les pierres sur lesquelles, suivant la légende, le chef des apôtres et saint Paul s'agenouillèrent pour implorer l'assistance de Dieu, pendant que Simon le Magicien s'élevait dans les airs.

L'église de Santa Francesca renferme deux tombeaux : d'abord celui de la sainte femme dont le nom est cher à la population de Rome, et dont le Bernin, cet artiste étrange, qu'on ne saurait trop louer ni trop maudire, car il tombe souvent au-dessous du mauvais et parfois s'élève aux confins du sublime, a reproduit le visage dans un médaillon d'une profondeur et d'une intensité d'expression mystique, suffisant pour fonder la renommée d'un artiste ; puis le tombeau de Grégoire XI, le pape qui eut la gloire de ramener la papauté d'Avignon à Rome. L'inscription qui célèbre ce titre d'honneur déplaît à ceux qui rêvent, au contraire, de reconduire le souverain-pontife, avec une escorte de gendarmes, aux frontières d'Italie; je ne veux pas croire, néanmoins, comme on me le souffle à l'oreille, que la démolition projetée de l'église n'ait pour but réel que de masquer la destruction de la plaque importune. Non : la commission est sans doute animée du zèle archéologique le plus pur; elle ne veut que restituer des monuments antiques et les reconquérir en les déblayant des superfétations hybrides qui en altèrent la physionomie. Eh bien ! en vérité, la commission s'égare. Dans ce rapprochement de la Vierge et des vestales; dans ce triomphe de la veuve chrétienne détrônant le culte de Vénus; dans cette prise de possession du vieux sanctuaire de Romulus par les tombeaux triomphants des confesseurs qui ont conquis cette terre au Christ, en l'arrosant de leur sang, il y a tout un cours de philosophie et d'histoire fait pour être compris, même par des archéologues. Rome chrétienne implantée au milieu de la Rome antique, s'unissant à elle en la purifiant, adoptant ses ruines pour les sauver et consacrant ses souvenirs par le signe de la croix, tel est précisément le caractère essentiel et original de cette Ville éternelle qui, sur la capitale de la force, a greffé la capitale de la foi. Rome prend le Panthéon pour en faire l'église de Santa Maria Rotonda, et elle expie le culte de tous les dieux en fondant la fête de tous les saints. Elle couronne par les statues des apôtres les colonnes de Trajan et de Marc-Aurèle. Elle élève la basilique de Saint-Pierre sur l'emplacement du cirque et des jardins de Néron, et au milieu de la place dresse l'obélisque de Caligula, avec la sublime devise : *Vicit Leo de tribu Juda. Christus vincit, Christus regnat, Christus imperat.* Dans le Colisée, ce lieu de débauche de la férocité romaine, où les chrétiens furent jetés aux bêtes pour amuser le peuple et où il n'est pas un grain de poussière qui n'ait été imbibé de leur sang, elle plante l'humble croix de bois qui a triomphé des Césars et qui a sauvé le monde.

La croix du Colisée a disparu, avec les stations où d'humbles chrétiens venaient suivre pas à pas la Passion du Christ sur les traces de ses martyrs. On a voulu faire place nette à M. le commandeur Pietro Rosa, archéologue ordinaire d'abord de l'empereur des Français, puis de S. M. le roi d'Italie. J'ai peine à comprendre ce grand zèle pour les fouilles du Colisée, en regard de l'abandon complet où restent, à quelques pas de là, celles du Palatin. Depuis le jour où Napoléon III, tombé du trône, revendit au gouvernement italien les jardins Farnèse, qu'il avait achetés au roi François II pour en tirer les ruines gigantesques du palais de Tibère et de la Maison dorée de Néron, c'est-à-dire depuis le mois de décembre 1870, il n'y a pas été donné un seul coup de pioche. Et pourtant le Palatin garde à coup sûr de plus riches découvertes à la sagacité des explorateurs que le Colisée, où les travaux de M. Rosa ont uniquement amené, jusqu'à présent, des exhumations d'une insignifiance presque dérisoire, dont le résultat le plus clair est de diminuer notablement la sensation de grandeur que causait la vue de l'arène.

Sans la croix, le Colisée n'est plus qu'un abattoir gigantesque, une ruine qui sent la mort et qui pue le sang. C'est elle qui le relevait et qui en marquait la grandeur. Elle était devenue partie intégrante du vaste amphithéâtre des Flaviens; elle faisait corps avec lui dans l'imagination et le souvenir. Reparaîtra-t-elle sur sa base lorsque les fouilles seront à leur fin? Il est plus que permis d'en douter. Avec la croix et les quatorze autels semés autour de l'enceinte, a disparu du Colisée cette végétation poétique qui faisait la joie des botanistes, des peintres et des poëtes. Les botanistes, gens respectables, avaient découvert quatre cents espèces dans la flore du Colisée, et parmi elles des plantes singulières et inconnues que per-

sonne n'avait rencontrées ailleurs : ils y venaient herboriser avec
amour. Les peintres admiraient les effets pittoresques des touffes de
giroflées épanouies dans les fissures, des lauriers, des viornes, des
pariétaires, des saxifrages, des orchidées, jaillissant de chaque
fente, festonnant chaque pierre, retombant en panaches sur les arcades, courant le long de l'énorme entonnoir et y jetant ces harmo-
nies que la nature et les siècles étendent, comme un tapis ver-
doyant, sur les ruines les plus sauvages. Les poëtes songeaient,
assis sur la mousse des gradins, en sentant les parfums de la vio-
lette monter vers eux du fond de l'arène homicide, et en voyant les
fleurettes poussées sur la tombe des martyrs mêler à la pourpre
sanglante l'or du nimbe et l'azur du ciel... *Salvete, flores marty-
rum !*

J'honore la science de M. Rosa, qui est un topographe de premier
ordre et un archéologue fort distingué, bien qu'il ait dépassé toutes
les bornes de l'hypothèse dans ses fouilles du Palatin, et que la plupart des inscriptions qu'il y a tracées ne soient qu'une série de con-
jectures s'appuyant les unes sur les autres. Mais, hélas! on l'a vu
une fois de plus, un archéologue n'est pas toujours un artiste. Je
plains d'avance le sort de Rome antique s'il est remis un jour,
comme on peut le craindre, aux mains du commandeur Rosa : elle
deviendrait avec lui quelque chose comme une collection minéralo-
gique, où chaque morceau serait dûment nettoyé, catalogué et éti-
queté.

Ce n'est pas tout : par le seul fait de leur entrée à Rome, les Piémontais ont confiné le souverain pontife dans l'ombre du Vatican et
rayé du programme des splendeurs romaines ces admirables cérémonies qui étaient l'attrait du monde entier. Les grandes solennités
de la semaine sainte, célébrées dans l'auguste basilique devant dix
mille fidèles venus de toutes les parties du monde, le lavement des
pieds, le *Miserere* de la chapelle Sixtine ne sont aujourd'hui que des
souvenirs. Plus de bénédictions *urbi et orbi*, annoncées par la triple
voix du canon, des tambours et des cloches, et tombant dans un silence auguste du balcon de Saint-Pierre ou de Saint-Jean de Latran
sur la multitude prosternée. Plus de ces illuminations féeriques du
dôme de Michel-Ange, dessinant en traits de feu les grandes lignes
de l'architecture, portant leurs cordons lumineux jusque dans la
nue, et faisant de la coupole, suivant le mot de Mgr Gerbet, une tiare
étincelante posée sur le tombeau du pêcheur. Plus de ces cortéges où,
derrière les gardes-nobles, les suisses, les camériers, les prélats,
les maîtres de cérémonie, au milieu des cardinaux couverts de
pourpre, le pape vêtu de blanc, coiffé de la triple couronne, encadré
entre les larges éventails de plumes de paon qui s'agitaient autour de

lui semblables à des ailes, passait lentement, planant comme une vision divine sur un océan de fronts inclinés. L'immense place qu'enserre la colonnade du Bernin, paraît déserte et désolée. Saint-Pierre est vide ; les offices se chantent et les processions se déroulent, pauvres et mesquines, au milieu de la solitude. C'est à peine si quelques groupes de curieux, noyés dans l'immensité de la basilique comme des fourmis dans la mer, vont et viennent, en braquant leurs lorgnettes, sous ces voûtes qui ne prennent toute leur grandeur et leur majesté que lorsqu'elles recouvrent une foule absorbée dans la pompe des cérémonies religieuses.

Le vieux Romain regrette doublement ces cérémonies : pour lui d'abord, car il les aimait, et aussi pour les étrangers, pèlerins ou curieux, qu'elles attiraient à Rome. Il se plaint de voir ainsi diminuer ses ressources à mesure que ses charges augmentent, car il ne connaît encore jusqu'à présent les bienfaits de l'annexion et du progrès que par l'augmentation des impôts et l'établissement de la conscription. C'est, en définitive, à ces deux points que se réduit pour lui toute la politique ; c'est par ces résultats pratiques qu'il la comprend et la juge. Il ne sait pas s'il est plus libre, quoique l'*Opinione*, qu'il n'a jamais lue, l'assure tous les jours ; mais il sait parfaitement qu'on lui prend son fils pour en faire un soldat, que les impôts ont triplé et qu'ils augmentent encore. Il voit que la simplicité patriarcale de ses anciennes habitudes est détruite, que la vie devient sans cesse plus laborieuse et plus chère. Il n'y avait pas autrefois une grande ville où il fût plus facile et moins gênant d'être pauvre. Le Romain l'était sous le gouvernement pontifical ; il l'est toujours sous le gouvernement italien ; seulement, il ne s'en doutait pas alors, et il s'en aperçoit aujourd'hui.

Heureusement, il y a dans le Romain pur-sang, à défaut d'une volonté plus ferme et plus nette, un esprit de résistance passive, une fidélité à la tradition qui paralysent jusqu'à un certain point les innovations téméraires et leur font contre-poids. La jeune Rome envie Paris et se sent arriérée ; elle est honteuse de chaque ornière, de chaque ruelle et de chaque tas de fumier. Un Romain de vingt ans à qui j'avais demandé le chemin du temple de Vesta, et qui s'était offert avec une obstination bienveillante à me guider lui-même, s'excusait en rougissant toutes les fois qu'il nous arrivait de rencontrer un de ces coins rustiques et négligés qui abondent encore dans la capitale de l'Italie ; il me donnait l'assurance qu'on avait déjà fait beaucoup, et que le reste se ferait peu à peu. Mais le Romain de la vieille roche se soucie médiocrement de ces détails. Il aimait sa Rome telle qu'elle était et il ne change pas volontiers d'habitude. Il oppose aux assauts je ne sais quelle force d'inertie. Le matin, vous verrez dans les églises autant d'hommes que de femmes. Les expositions du Saint-Sacrement et de la Sainte Image se font avec le même luxe d'illuminations et le même concours de fidèles que par le passé. Les confréries fleurissent toujours. Le Transtevère a gardé sa physionomie. Malgré la disparition déjà accomplie ou prochaine de quelques usages essentiellement romains, malgré l'invasion tumultueuse de l'élément étranger, vous ne trouverez encore à Rome ni un jardin public, ni un bal, ni un café-concert. L'opérette d'Offenbach y fleurit peu ; les photographies d'actrices et de demoiselles décolletées n'accaparent point encore les vitrines des marchands. Bref, Rome demeure fort arriérée, et il lui reste beaucoup à faire pour rivaliser avec Paris ou même avec Bordeaux.

Et ce n'est pas seulement à ce point de vue, nous l'avouons, que Rome est en retard. Pas de trottoirs, sauf au Corso ; des rues étroites et tortueuses, des maisons borgnes, des cafés et des *trattorie* qui ne prennent jour que par la porte, de la boue partout. L'éclairage et le balayage laissaient considérablement à désirer ; le service de la voirie n'est pas encore au niveau du siècle. Si elle a ses parfums, elle a aussi ses odeurs. Je le sais, et il faudrait se boucher les yeux, le nez et les oreilles pour nier cette vérité évidente. Depuis qu'il s'est installé à Rome, la préoccupation du gouvernement italien est précisément de prouver qu'il y a introduit le progrès, et de justifier sa conquête par ses bienfaits. Nous ne contesterons point l'importance des résultats déjà obtenus : il ne s'est pas borné à lui donner le régime parlementaire, des impôts dignes d'un peuple civilisé, et la conscription, en attendant le service obligatoire ; à lui octroyer la liberté de la presse, en remplaçant le maître du sacré-collége par le procureur du roi ou le préfet de police, et la censure par la saisie ; à ouvrir deux ou trois théâtres et à faire tous les soirs de la musique sur la place Colonna ; il a donné l'ordre aux propriétaires de blanchir les devantures de leurs maisons, en même temps qu'il peinturlurait lui-même les façades de ses édifices : il a établi quelques douzaines de becs de gaz, favorisé la création de ces admirables omnibus romains, pataches débonnaires et patriarcales avec lesquelles on n'est jamais sûr de partir, ni surtout d'arriver ; enfin interdit aux matrones de faire sécher leur linge sous l'arc de Septime Sévère. Là ne se bornera point son effort. Il poussera ses bienfaits jusqu'au bout. La junte municipale est déterminée fermement à décrasser Rome, à l'agrandir et à l'embellir : tous ses plans sont tracés, et je les ai sous les yeux.

Rien de plus légitime, assurément, et ce n'est pas la première fois qu'on y songe. Personne n'ignore qu'on doit à l'administration française du premier empire les plantations et la belle montée du Pincio.

Elle s'efforça de se faire pardonner par Rome une invasion que rien ne justifiait et d'effacer les souvenirs du Directoire, en apportant à la conservation de ses monuments autant de zèle qu'elle en avait mis alors à l'en dépouiller. Le Forum débarrassé des constructions vulgaires qui l'obstruaient, comme des amas de terre et d'immondices sous lesquels il était enseveli ; les trois colonnes du temple de Jupiter Tonnant, comme on l'appelait alors, du temple de Vespasien, comme on l'appelle aujourd'hui, exhumées, restaurées et consolidées ; toutes les autres ruines, le temple de la Concorde, l'arc de Titus, la colonne de Phocas, le temple de la Paix ou la basilique de Constantin, etc., isolés, découverts jusqu'à la base, restitués dans leurs proportions primitives ; le Colisée déblayé et consolidé ; sept ou huit galeries rendues aux thermes de Titus ; les temples de Vesta et de la Fortune virile dégagés et mis dans tout leur jour, l'arc de Janus Quadrifrons déterré de deux à trois mètres, la colonne Trajane déblayée à sa base et les fondations de la basilique Ulpienne retrouvés ; Saint-Pierre, Saint-Paul-hors-les-Murs et toutes les églises soigneusement entretenues, le Quirinal enrichi de revêtements en marbres précieux, de statues et de peintures, les collections du Vatican accrues, tels sont, outre la création des rampes monumentales et de la promenade du Mont-Pincio, les principaux travaux accomplis en ces quatre années, « tant l'administration de 1810 à 1814 mettait de prix à se montrer différente de celle qui, en 1798, fit le malheur de Rome et fut la honte de la France[1]. » M. de Tournon, préfet de Napoléon Ier, le même qui eut le malheur de montrer trop de zèle dans l'arrestation de Pie VII, put du moins, sur ce chapitre, se rendre le témoignage que l'occupation, « malgré son injustice flagrante, et la politique maladroite et colérique qui la conseilla, fut régulière dans ses procédés et souvent bienfaisante envers le pays, » et qu'elle donna, par son respect religieux pour tous les trésors de Rome, « le rare spectacle d'une conquête traitée à l'égal de la patrie elle-même. »

Outre ces travaux accomplis, l'administration française en avait projeté d'autres, parmi lesquels il suffira de citer la formation d'une place, ou plutôt d'une large avenue entre le fleuve et Saint-Pierre, l'agrandissement de la place du Panthéon et de l'étroit espace où étouffe, comme un géant dans une cellule, la pompeuse et théâtrale fontaine de Trévi ; enfin, la création de digues et de quais sur le parcours du Tibre. Dans leur ensemble, ces plans avaient un double mérite, qui manque à ceux de la municipalité actuelle : ils ne coûtaient pas cher, et ils étaient conçus avec une

[1] Le comte de Tournon, *Études statistiques sur Rome*, 2 vol. in-8, 1831.

véritable intelligence des besoins de Rome autant qu'avec un vrai respect de son caractère et de son histoire, en ne touchant, sauf quelques exceptions très-rares, ni à un monument, ni à une maison historique, ni à un souvenir consacré. C'est l'éloge que M. de Tournon décerne à l'administration impériale, et qu'il est juste de ne lui point refuser. Elle reculait à l'idée de démolir les deux petites églises du Foro Trajano, pour faire de la colonne le centre d'une vaste place. Au moment de réunir le Colisée au Forum, en ouvrant un champ libre au regard à travers cet admirable amoncellement de ruines, elle s'arrêtait devant la tombe de Grégoire XI, à Santa Francesca Romana, et devant la vénération des Romains pour cette sainte, — scrupule naïf dont sourient, quoique Romains eux-mêmes, les conquérants moins timides qui siégent aujourd'hui au Capitole.

Les papes n'ont pas été moins soucieux d'embellir Rome, et il convient particulièrement de ne pas oublier tout ce qu'elle doit à Pie IX. En débaptisant la *Via Mérode* pour la nommer *Via nazionale*, le 20 septembre a constaté mieux encore que c'est à l'esprit d'initiative et à l'entreprenante activité de l'archevêque de Mélytène que la capitale actuelle de l'Italie est redevable du plus clair de ses embellissements depuis un demi-siècle. Mgr de Mérode avait consacré une grande partie de sa fortune à l'achat des vastes terrains maraîchers situés entre le Quirinal et la place de Termini. La position était bien choisie, dans le voisinage de la gare, c'est-à-dire dans un quartier neuf et libre, où les ingénieurs pouvaient se donner carrière sans avoir à choisir entre une gêne perpétuelle et des mutilations sacriléges, à l'abri de la mal'aria et des inondations du Tibre; bref, l'un des plus commodes et des plus sains de Rome. L'illustre prélat avait déjà tracé les rues, fait construire les égouts et les trottoirs, bâti la large voie centrale à laquelle la reconnaissance publique donna d'abord son nom, quand les Piémontais entrèrent à Rome par la brèche que les canons prussiens, plus que leur propre artillerie, avaient pratiquée à la Porte Pia. Dans les travaux qu'elle exécute aux alentours de la gare et des Thermes de Dioclétien, l'administration nouvelle n'a fait que continuer les plans de Mgr de Mérode, comme dans ceux qu'elle projette sur divers autres points de la ville, elle a repris les idées de M. de Tournon.

Mais, en les reprenant, elle les a grandis outre mesure et les a gâtés. Ce qu'elle médite, ce n'est rien moins qu'une véritable *haussmannisation* de Rome. On a conté jadis que l'ancien préfet de la Seine avait été mandé là-bas pour donner son avis sur les embellissements que réclamait Rome capitale, et on assura même un moment qu'il serait chargé de cette tâche. Elle était digne de lui. Il eût trouvé là un théâtre au niveau de ses talents et de son audace. Quel magnifique champ de bataille pour ce grand pontife de l'alignement et de la démolition ! En un tour de main il eût nettoyé le Forum, doublé la largeur du Corso en abattant les palais Ruspoli, Chigi et Doria, l'église San-Carlo et la maison de Saint-Paul ; aplani les sept collines, percé un boulevard dans la villa Borghèse et tracé au cordeau une belle rue carrossable à travers les Thermes de Caracalla. J'aurais voulu le voir aux prises avec le Ghetto. Il eût égayé la Voie Appienne par quelque square orné d'une Nymphe de M. Carpeaux, réuni Saint-Jean-de-Latran à Sainte-Croix-en-Jérusalem par une étincelante avenue de cafés et de magasins de nouveautés, accolé à quelque monument de Bramante ou de Michel-Ange un de ces magnifiques échantillons de style municipal, comme le Palais de l'Industrie ou la Mairie du premier arrondissement et son beffroi gothique. *Haussmanniser* Paris, c'était déjà trop ; mais *haussmanniser* Rome, comment qualifier une pareille entreprise? Dieu a eu pitié de la malheureuse ville : il l'a sauvée des mains du redoutable *embellisseur*. Il est vrai que c'était pour l'abandonner à celles du comte Pianciani. A défaut de sa personne, son esprit règne dans le municipe romain. Mais du moins celui-ci ne procède pas avec la rapidité foudroyante de son modèle. Jusqu'à présent, il a à peu près concentré tous ses efforts sur un seul point de Rome. Il faudra beaucoup de temps et d'argent pour réaliser son plan en entier, et j'ose espérer que l'une ou l'autre de ces deux conditions essentielles, sinon toutes les deux, lui fera défaut.

Le reste n'existe encore que sur le papier, et c'est là que nous allons le chercher. Que le lecteur nous pardonne les détails arides où nous serons contraint d'entrer : ils s'animeront pour celui qui connaît Rome et qui voudra bien les suivre sur une carte.

III

Les travaux qui occupent la plus large place sur le *Plan régulateur d'agrandissement de la ville* sont ceux du Viminal et de l'Esquilin, en voie d'exécution. Un grand nombre de rues longitudinales et transversales, se coupant à angles droits, divisent en une centaine de petits parallélogrammes, d'une régularité géométrique, l'espace compris depuis la Villa Ludovisi, au nord, mais surtout depuis les rues du Quirinal et du Vingt-Septembre, jusqu'aux villas Altieri et Massimo, au sud. Les anciennes villas Palombaro et Negroni disparaissent sous la pioche. Quelques places se dessinent dans ce vaste réseau : la principale est la *piazza* Vittorio-Emmanuele, — à tout seigneur tout honneur! — d'où se détachent les rues Charles-Albert, du Prince-Eugène et dix autres. Dante a sa place aussi, mais plus petite, comme il sied, et Cavour une belle rue, qui part du flanc de la gare pour aboutir derrière l'obélisque de Sainte-Marie-Majeure. Le prince Humbert, on peut le croire, n'a pas été non plus oublié.

Ces travaux ont eu déjà pour résultat de modifier la physionomie historique de la ville aux sept collines (qui en a onze en réalité). En aplanissant les pentes de l'Esquilin, en comblant, pour ainsi dire, la vallée qui le séparait du Viminal, on a dérangé l'image traditionnelle et séculaire de Rome; et si l'Esquilin pouvait parler, il s'écrierait comme Mirabeau : « Vous avez dépaysé le monde. » Les nivellements opérés par les terrassiers ont enterré le casino de la villa de Sixte-Quint, dont le souvenir vit encore dans ce coin de Rome, qu'il habitait avant de monter au trône pontifical; et l'église de Sainte-Pudentienne, la plus antique de la ville, bâtie sur l'emplacement de la maison où le sénateur Pudens donna l'hospitalité à saint Pierre. La rue passe à la hauteur de la frise, et les belles mosaïques de la façade fraîchement restaurée semblent sortir d'un puits. Au contraire, les mêmes travaux ont failli déchausser Sainte-Marie-Majeure, et il a fallu accroître notablement le nombre des marches qui exhaussent la basilique comme sur un piédestal. Les pressantes réclamations du chapitre ont fini par arrêter les ouvriers; mais le mal était déjà fait en grande partie, et il se pourrait que la solidité de l'édifice en demeurât ébranlée. En même temps, l'aspect de la belle place si connue de tout l'univers catholique a été bouleversé, et à quelques pas de là, devant l'église Saint-Antoine, a disparu la croix de granit avec un crucifix de bronze où une inscription de Benoît XIV rappelait l'ancien monument consacré à l'abjuration d'Henri IV.

De l'autre côté de la gare, la municipalité romaine a prolongé ses plans jusqu'au Camp des prétoriens, où Mgr de Mérode avait fait élever sur ses terrains une vaste et belle caserne de cavalerie, occupée avant le 20 septembre par les dragons du pape. La place de l'Indépendance occupe le centre de ce quartier de parade, dont l'idée semble avoir été inspirée par les boulevards et les avenues qui rayonnent à Paris autour de l'Arc de triomphe. De luxueux hôtels, comme ceux des avenues qui conduisent au bois de Boulogne, sollicitent vainement des locataires qui ne viendront pas. Il est bien douteux que la population (surtout la population aristocratique) consente jamais à suivre les ingénieurs dans cette région lointaine, sur le chemin du cimetière ; plus douteux encore qu'elle se porte du côté opposé de la ville, dans les rues nouvelles du Transtévère, domaine de la fièvre et de la mal'aria, qu'il faudrait se préoccuper d'assainir à fond, avant de chercher à l'accroître et à l'embellir, si l'on était guidé par une pensée sérieuse d'utilité publique et si l'on savait se résoudre aux travaux nécessaires, mais qui ne font pas de bruit.

Au midi, un ambitieux boulevard, traversant la solitude, englobe et redresse le chemin en zigzag qui va aujourd'hui de Saint-Grégoire à la porte Saint-Paul. Les *Prati del popolo romano*, avec leurs caves et leurs cabarets retentissant du choc des verres, du bruit des danses et des chansons pendant la saison des vendanges, seront rasés en grande partie, et le Testaccio, cette montagne bizarre, qui n'est qu'un immense amas de pots cassés réunis en un bloc indestructible par le ciment des siècles, va s'entourer de constructions neuves et de rues en équerre.

La partie la plus notable, la plus étonnante peut-être du projet, est celle qui bâtit tout une ville nouvelle au nord-ouest de Rome, derrière le mausolée d'Adrien. Au côté gauche de la *piazza del Popolo*, s'ouvre une avenue qui va traverser le Tibre sur l'un des sept ou huit ponts nouveaux projetés par l'imagination magnifique du conseil municipal. Elle rencontre alors une place et se continue, de l'autre côté, par le boulevard du Vatican, qui aboutit en droite ligne à l'entrée du palais pontifical, comme pour tracer une voie triomphale au roi d'Italie. Un théâtre monumental qui annonce (sur le plan) l'intention de ne pas rester en arrière de notre Opéra, remplit, avec quelques constructions adjacentes, l'espace, aujourd'hui vide, entre le château Saint-Ange et le port de Ripetta. Au-dessus s'élève la Bourse. Rome était si arriérée qu'elle n'avait pas encore de Bourse : les hommes pratiques auront peine à le croire. La capitale de la chrétienté s'en passait parfaitement, mais la capitale de l'Italie ne pouvait se résigner à cette humiliante lacune. Le municipe romain va placer hardiment sa Bourse et son grand théâtre aux portes de la cité Léonine; il plante le drapeau de la civilisation moderne, représentée par ses temples naturels (la caserne est au château Saint-Ange et complète la trilogie), en plein territoire ennemi; il relève et venge ce quartier déshérité, ce quartier ecclésiastique et papal, en le choisissant entre vingt autres pour le doter de ces deux foyers : le Théâtre et la Bourse, et en créant une ville nouvelle autour d'eux, tout exprès pour leur faire cortége et pour les peupler, sur l'un des points les plus insalubres de Rome.

Le Tibre n'échappe pas davantage aux embellissements. On l'élargit, on le rectifie, aux dépens de la Farnésine et du bastion du château Saint-Ange. On allonge les deux pointes de l'île San Bartho-

lomeo comme l'éperon d'un navire. On jette en amont et en aval
plusieurs nouveaux passages, mais en démolissant le pittoresque
Ponte-Rotto, d'où le touriste, comme d'un observatoire, aime à con-
templer la noire et béante embouchure de la *Cloaca maxima*,
œuvre des Tarquins, le camp de Porsenna et les hauteurs du Janicule ; en déblayant le Tibre des piles du pont Sublicius, cette ruine
vénérable, qui émerge des flots boueux comme un muet témoin des
temps héroïques de Rome et qu'on ne peut détruire sans commettre
un acte de vandalisme et d'ingratitude. Heureusement, il faut, dit-
on, une quarantaine de millions au moins pour les seuls travaux du
Tibre. Le jour où l'Italie trouvera quarante millions, au lieu de les
jeter à l'eau, elle les emploiera à des besoins plus pressants. Ce n'est
pas l'occasion de les utiliser qui lui manquera. Pour commencer,
le gouvernement et la ville, en se cotisant, en ont trouvé quatre :
il n'est pas trop téméraire de croire qu'ils pourraient bien s'en
tenir là.

Ce qui frappe dans ce plan, ce n'est pas seulement son apparence
mathématique, c'est sa physionomie factice et artificielle. Il est
le résultat d'un système préconçu plutôt que d'une étude attentive des
besoins qu'il prétend satisfaire ; il est sorti de la tête d'un syndic
ambitieux, comme Minerve du cerveau de Jupiter. Il ne s'adapte pas
plus au caractère de Rome qu'à ses besoins, et produira l'effet d'un
placage superficiel et disparate. La première condition pour toucher
à Rome sans la gâter, sous prétexte de l'embellir, ce serait d'aimer
Rome. Or ses propriétaires actuels ne l'aiment pas. Ils y tiennent
sans doute, ils la désiraient, ils la convoitaient, ils l'ont assaillie et
prise de force ; mais la convoitise n'est pas l'amour. Le roi d'Italie
se plaît si peu à Rome qu'il y réside à peine pour l'expédition des
affaires, et qu'il la quitte comme une prison dès que le conseil des
ministres lui laisse un moment de liberté. La seconde condition, —
et au fond c'est la même, — serait de la connaître et de la comprendre. Comment le Piémontais comprendrait-il Rome? Rien n'est
plus antipathique que les deux génies et les deux races. Au temps
où il prononçait ses discours sur l'unité de l'Italie à la Chambre,
non à Bologne et à Gênes, on se rappelle en quels termes
M. Thiers a qualifié le projet chimérique de « former une seule
puissance d'États entièrement différents et qui, pendant leur longue
existence, ont été profondément ennemis les uns des autres. » Qu'y
a-t-il de commun, s'écriait l'illustre vieillard (pas en Italie, au Corps
législatif, le 13 avril 1865), entre l'aristocratique Venise et la dé-
mocratique Florence, entre le Napolitain spirituel, le grave Romain
et le lourd Piémontais, « Italien seulement par la finesse de sa politique? » — Tout change en Italie toutes les dix lieues, disait Sten-

dhal. L'unité semble avoir été spécialement créée pour servir de repoussoir à ces contrastes et les mettre encore plus en relief. Sans aller jusqu'à répéter l'axiome fameux de M. de Metternich : « L'Italie n'est qu'une expression géographique, » on est bien forcé de s'avouer à soi-même, après avoir parcouru ce pays admirable, de Turin à Naples, que tout proteste contre cette unité artificielle, lien fragile essayant de réunir en un tout compact et homogène des peuples que séparent leur histoire, leurs anciennes luttes, la différence essentielle de leur caractère, de leur génie, de leurs arts, et qui maintenant encore peuvent arriver à peine à se considérer comme compatriotes. Il y a certainement plus loin de Turin à Venise ou Florence, et de Naples à Rome, quoiqu'il y ait sept heures seulement, que de Paris à Vienne. Venise est asiatique et Florence athénienne. Le Napolitain est un Grec du Bas-Empire, rusé, roué, souple et bavard, emporté par la chaleur du sang, paresseux avec délices et remuant avec ivresse, insolent et obséquieux, très-menteur, un peu voleur, un peu ruffian, parfaitement dénué de sens moral, mais petillant de verve et de folie, bref descendant abâtardi et dégénéré de ce peuple aimable, fin, éloquent et menteur dont M. Viguier, en expliquant Aristophane à ses élèves de l'École normale, disait familièrement, avec un mélange de honte et d'admiration : « Ah ! messieurs, quelles *canailles* que ces Grecs, mais qu'ils avaient donc de l'esprit ! »

Au contraire, les traits distinctifs du Romain de la vieille souche, du Romain pur sang, ce sont la gravité, la dignité et la bonhomie. Il est fier, probe, calme, presque flegmatique ; il prend les choses au sérieux. Il n'y a pas en lui le plus léger atome du Pulcinella napolitain. La canaille de Naples est absolument inconnue à Rome. On y mendie, on y joue parfois du couteau, on n'y vole pas à tous les coins de rues. Vous ne trouverez dans ses cérémonies religieuses rien qui ressemble aux fêtes bruyantes de saint Janvier ou de la Vierge de Piedigrotta. Il ne sort, du moins il ne sortait de sa gravité que par des divertissements d'une gaieté enfantine, presque naïve, comme ceux de la Befana et du carnaval, qu'il prenait au sérieux aussi bien que tout le reste, ce qui en faisait le charme et l'originalité. Le Romain tient à ses coutumes et à ses traditions. Il n'a pas au moindre degré l'esprit de négoce que Florence, par exemple, sut toujours joindre à son amour des arts. On rencontre encore à Rome des magasins où s'étalent des objets démodés, invraisemblables, fantastiques, disparus de partout ailleurs depuis plus d'un demi-siècle, et rien n'est curieux comme l'importance et la majesté épique avec laquelle les petits marchands de Rome trônent auprès d'un étalage composé d'une botte d'oignons et de deux boîtes de radis, d'une livre de vieille |ferraille ou d'une demi-douzaine de chaussures éculées. Ces traits persistent sous la couche d'alluvions qui les recouvre sans les cacher ; on peut les démêler et les suivre à travers l'importation étrangère, comme le Rhône à travers le lac de Genève.

Si, comme l'a dit M. Thiers dans son discours de 1865, les Napolitains, en voyant les Piémontais, « ont cru voir des Allemands et les ont appelés de ce nom qui est si odieux aux Italiens : *Tedeschi,* » cela assurément, quoique pour des raisons diverses, n'est pas moins vrai des Romains. Les Piémontais sont les Prussiens de l'Italie : ils en ont la politique, l'esprit de persévérance, la rage d'annexion, l'art de mélanger habilement la ruse à la force. Ils le sont encore par les qualités particulières d'une intelligence toute septentrionale. Des diverses contrées italiennes, le Piémont est la seule qui n'ait donné son nom à aucune école artistique. Il y a une école lombarde, une école florentine, une école romaine, une école bolonaise, une école napolitaine ; il y a même des écoles de Sienne, de Pérouse, de Parme, de Ferrare ; il n'y a pas d'école piémontaise. Sur ce livre d'or rempli de tant de noms éclatants, sur cette liste immense, qui s'ouvre au treizième siècle avec Guido de Sienne, Giunta Pisano, Cimabuë, et que nous ne voulons pas croire fermée aujourd'hui pour toujours, on trouve à peine deux peintres nés sur le territoire piémontais, et ce sont des peintres de second ou de troisième ordre, Gaudenzio Ferrari et Bernardo Lanini, qui n'eurent rien de plus pressé que de quitter ce sol aride, et que leurs études aussi bien que leurs productions rattachent aux écoles ombrienne ou lombarde. Si c'était l'Italie qui se fût annexé le Piémont, on pourrait le comprendre ; mais c'est bien le Piémont qui s'est annexé l'Italie, qui a mis la main sur Rome en la revendiquant comme sa capitale naturelle. Ce seul rapprochement suffit à juger sa prétention. Les Italiens en général, et les Romains en particulier, ont un mot pour désigner le Piémontais ; ils l'appellent le *buzzurro,* sobriquet familier qui, sous le *marchand de marrons,* désigne le *Savoyard.* Le *buzzurro* a donné son expression naturelle dans la froide et géométrique capitale de Turin, qui joint les grâces d'une table de multiplication à la variété d'un damier. Il obéit à son génie de caporal prussien en voulant faire de Rome une seconde édition de Turin.

Non, le Piémontais ne comprend rien à Rome. Rome est une ville unique au monde, une ville grave, tranquille et fière comme ses habitants. Son histoire s'est ineffaçablement empreinte dans sa physionomie. Nulle part, les rapports intimes entre le cadre et le tableau, les hommes et les choses, les monuments et les hommes, ne sont plus frappants ; nulle part les regards et l'esprit du visiteur ne se reposent sur une plus complète harmonie. De là, comme de bien d'autres causes, ce charme pénétrant répandu sur Rome, qui s'insinue peu à peu, qui finit par envahir tout l'être et qui, à l'inverse des autres villes, est en raison directe du temps qu'on y a déjà passé. De là aussi cette vertu particulière de Rome, qui rafraîchit l'âme, même en fatiguant le corps, et qui ne se fait pas sentir seulement à des catholiques, mais à des païens comme Goëthe, même à des athées comme Stendhal, pourvu qu'ils aient l'esprit ouvert à l'impression du beau. L'amour grave et profond qu'elle inspire n'a rien des lueurs subites et passagères d'un caprice. Rome n'est point une ville où l'on passe; c'est une ville où l'on reste et où l'on revient. Qui en a une fois sérieusement goûté le charme, rêve d'y retourner encore, ou d'y demeurer toujours. « Monsieur, disait Grégoire XVI à un étranger qui avait obtenu une audience la veille de son départ, si vous n'êtes à Rome que depuis quinze jours, adieu; mais si vous y êtes depuis trois mois, au revoir! » Nul pays où l'on se sente mieux chez soi et dont il soit plus facile de faire sa patrie. Combien d'antiquaires, de savants, d'artistes, de chrétiens, venus à Rome en pèlerinage et qui, saisis par cet attrait invincible, n'en sont jamais sortis!

L'honneur de Rome, le signe qui la distingue entre toutes les villes, est d'être particulièrement incompréhensible aux commis-voyageurs, aux gens pratiques et aux *utilitaires*. Elle n'a pas été coulée dans le moule banal de la cité industrielle, qui semble bâtie par un économiste, avec son cercle d'usines autour de ses boulevards étincelants de dorures et semés de cafés en guise de monuments. C'est un musée et un conservatoire, où l'on marche à chaque pas sur un grand souvenir et où toute rue percée en ligne droite risque de détruire un témoignage du passé. Lorsqu'on s'y promène à pied, on y fait de toutes parts les rencontres les plus saisissantes : ici, une inscription rappelant l'endroit où saint Pierre et saint Paul se sont séparés en allant à la mort; là une petite chapelle où le chef des apôtres fuyant la persécution eut la vision du Christ qui lui fit honte de sa faiblesse. Ainsi Rome est partout, dans ses extrémités aussi bien qu'à son centre, dans ses ruelles comme dans ses édifices. Toute amputation la blesserait au cœur. Il y a cinq ou six Rome : la Rome moderne et la Rome antique, la païenne et la chrétienne, la Rome des empereurs et la Rome des papes, celle des premiers siècles de l'Église et celle de la Renaissance. Pourtant il n'y en a qu'une. Dans son harmonie elle réunit tous les contrastes : la ville et les champs, le silence et le bruit, la solitude à deux pas de la foule. Des ruelles de village débouchent sur le Corso ; des échoppes ont poussé aux flancs des monuments superbes, comme des

champignons au pied d'un chêne ; des poissonniers se sont installés
sous le portique d'Octavie ; les arcades du théâtre de Marcellus re-
tentissent du bruit des soufflets de forge et des coups de marteau
sur l'enclume ; les matrones font leur ménage sous l'arc de Pantani.
Les Romains vivent dans un commerce familier avec leur gloire.
Mais l'art est partout, il rachète et relève tout. Dans le coin le plus
abandonné, le plus rustique, il vous apparaît tout à coup, recouvrant
de sa pourpre et de son rayonnement les détails les plus misérables.
Rome est quelquefois triste, souvent sale, jamais vulgaire. Elle
n'est pas jolie, elle est belle ; elle n'est pas élégante, elle est noble.
On y prie, on y étudie, on y admire, on ne s'y amuse pas.

Ces mélanges continuels, et pleins de bonhomie, de l'élément
agreste et familier aux splendeurs de Rome, sont d'un charme particulier, comme l'intimité d'un grand homme dans la vie du foyer
domestique. En tout cas, ils constituent un des caractères essentiels
de Rome. Le *vicolo* écarté où l'on rencontrait tout à coup des trou-
peaux de chèvres paissant l'herbe rare ; les bandes de *pifferari* dé-
guenillés allant de rue en rue donner des aubades aux madones ;
les paysans de la Sabine, les pâtres, les âniers, aux grandes guê-
tres de cuir, drapés dans leurs peaux de mouton comme des séna-
teurs dans leurs toges, et couchés au seuil des palais ou groupés en
tableaux vivants sur l'escalier de la Trinité-des-Monts ; tous ces as-
pects, toutes ces coutumes, tous ces tableaux de genre, joie de l'artiste, bonnes fortunes du passant dont ils récréaient le regard en
détendant l'esprit, aujourd'hui traqués par la police, pourchassés
par le balai de l'édilité romaine, tendent à disparaître comme tant
d'autres usages qui donnaient à Rome une physionomie pittoresque
d'une richesse et d'une variété sans égales.

Rome est assurément la seule ville au monde qui ait pu s'entourer d'une ceinture de basiliques comme Saint-Paul, Sainte-Agnès,
Saint-Laurent-hors-les-murs, élevés parfois à plusieurs kilomètres
de son enceinte, et dans une solitude complète. Je me souviendrai
toujours d'une excursion pédestre faite en compagnie d'un ami, à la
recherche de Saint-Laurent, par des chemins défoncés où les che-
vaux s'abattaient à chaque pas. Nous avions voulu prendre des rou-
tes de traverse, idée malencontreuse dont nous portâmes la peine.
A Rome, où le vilain proverbe anglo-saxon : « Le temps est de l'argent, » n'aura jamais cours, il ne faut pas vouloir abréger. Ce que
nous dûmes escalader de barrières, franchir de brèches, enjamber
de ravins pour gagner la porte Saint-Laurent, au sortir de Sainte-
Croix, fournirait matière à un poëme héroï-comique. Je faillis laisser mes chaussures dans un fossé aux abords du temple de Minerva-
Medica, et j'arrivai dans un état qui m'eût interdit l'entrée de toute

autre maison que de la maison de Dieu, crotté comme un barbet, et trouvant que la voirie romaine a décidément bien des progrès à accomplir. Mais quel dédommagement, et comme tout fut vite oublié dans la vieille basilique d'Honorius III et de Pélage II ! Comme je sentis alors la grandeur de Rome, qui, pour honorer la tombe d'un martyr, n'hésite pas à bâtir un monument pareil en pleins champs !

Le lendemain, j'ai recueilli les gémissements d'un économiste pendant ma visite à Saint-Paul *fuori le mura*. Cet homme sensé ne revenait point d'une telle magnificence : les immenses proportions de l'édifice, les cinq nefs, les quatre-vingts colonnes en granit du Simplon, avec bases et chapiteaux de marbre blanc, les colonnes d'albâtre oriental du baldaquin, les autels en malachite, les tableaux, les mosaïques, les statues colossales, les vitraux peints, le plongeaient dans une admiration indignée : « Quelle prodigalité en pure perte ! Que d'argent semé sur le roc ! Encore si c'était dans l'intérieur de la ville ! Mais être allé choisir, pour une aussi énorme dépense, un endroit infesté par les fièvres, à une demi-lieue de toute maison habitée ; et, après l'incendie de 1823, avoir poussé l'obstination jusqu'à la rebâtir sur le même point plus somptueuse encore, quelle impardonnable folie ! » J'ai lu quelque chose d'analogue dans Monsieur Valery et d'autres auteurs estimables, et ne vois rien à répondre à ce raisonnement, dont je ne méconnais pas la valeur, sinon qu'il était bon peut-être qu'il y eût au monde une ville — une seule, si l'on veut — où les raisons économiques n'eussent point le dernier mot, et qui n'y regardât pas de si près quand il s'agit d'honorer un grand homme et un grand saint. Allez plus loin encore, plus avant dans la solitude et la *mal'aria*, vous trouverez jusqu'à trois églises groupées sur l'emplacement où saint Paul fut décapité. A Rome, l'utile n'est pas tout : on s'est préoccupé d'y satisfaire aux besoins de l'esprit et de l'âme autant, pour le moins, qu'à ceux du corps. Il n'est pas à craindre que l'exemple devienne jamais trop contagieux ; et, pour la singularité du fait comme pour l'honneur du genre humain, dont Rome était le patrimoine indivis, ne nous plaignons point qu'il ait été donné.

Dans l'intérieur de la ville, en allant d'un édifice à un autre, on se trouve parfois en pleins champs. Rome est coupée de grands espaces vides où tout à coup le calme de la solitude succède à l'agitation de la foule. Avant d'atteindre la porte San Sebastiano, on marche pendant vingt minutes entre des haies à la physionomie inculte, aux parfums sauvages. Saint-Jean de Latran, *omnium urbis et orbis ecclesiarum mater et caput*, métropole de l'évêque de Rome, siége du patriarchat de l'Occident, reine des basiliques, s'élève à l'extrémité de la ville, et son portail s'ouvre sur le désert. D'un côté le bruit, de

l'autre le silence. Sur la vaste place à demi rustique passe lentement quelque charrette attelée de deux bœufs aux fanons pendants
et aux longues cornes recourbées, avec ses paysans campés comme
les personnages de Léopold Robert. Du péristyle de l'église, un tableau d'une austère et saisissante grandeur se déroule sous vos
yeux : le *Triclinium*, la muraille d'Aurélien, la vieille porte Asinaria, qui apparaît dans un bouquet d'arbres ; la campagne romaine,
semée de tombeaux et rayée d'aqueducs ; dans le fond, les collines
du Latium, couronnées de villas, que dominent au dernier plan les
montagnes bleuâtres de la Sabine, aux tons vigoureux et som-
bres, vivement éclairés de taches blanches. Devant vous, au bout
d'une magnifique allée de mûriers et de chênes-verts, que bor-
dent les arcades du vieux mur en ruines, enguirlandé de lierre,
se dresse le campanile brun de Sainte-Croix, l'église de Rome
la plus riche en reliques insignes. Les deux basiliques s'élèvent
ainsi comme aux deux extrémités d'une avenue champêtre qui était
plus belle encore avant que les nouveaux consuls y eussent pro-
mené les haches de leurs licteurs.

Du côté opposé, la longue *via Ferratella*, une rue comme on n'en
voit qu'à Rome, descend vers le sud, en envoyant des embranche-
ments agrestes sur la Navicella et San Stefano. Un soir, au sortir
des Thermes de Caracalla, qui donnent une si écrasante idée du luxe
de la civilisation romaine, je m'engageai à l'improviste dans cette
rue étrange, où l'on ne rencontre pas une seule maison. A droite
s'étendent en contre-bas des champs de roseaux ; à gauche s'é-
lèvent de petits murs recouverts de broussailles, mêlés de campa-
nules aux feuilles jaunes, derrière lesquelles s'entrevoient d'é-
normes mûriers ; en avant, des vergers et de grandes plantations de
sureaux, des vignes coupées çà et là de figuiers, de poiriers, de gre-
nadiers et de lauriers-roses. Au milieu des arbustes sauvages, tapissé
de mousse et encadré de lierre, apparaît de loin en loin un portail
antique, quelque débris isolé, encadrant dans sa formidable embra-
sure un buisson de ronces où chante un oiseau, comme les abeilles
dans la gueule du lion de Samson. Vers l'endroit où la rue renonce
au vain luxe du pavé pour ressembler franchement à un chemin vi-
cinal, les remparts de la vieille Rome, avec leurs arcades rouges, pous-
sent une pointe et font irruption jusque sur la voie. Par-dessus les jardins, les vignes et le mur d'enceinte, debout dans la voiture, j'aper-
cevais la campagne romaine, avec la ligne des monts sabins à l'horizon, et là-bas, en avant, les statues de la façade de Saint-Jean-de-
Latran, qui semblaient surgir d'un massif de verdure. Ces belles
vues sur la basilique se multiplient à chaque pas de ce côté de Rome.
En faisant le tour de l'enceinte extérieure, où, le long des hautes

murailles de briques, démantelées par le temps et réparées par les papes, se dressent les barrières ménagées en guise d'abris contre les coups de corne des taureaux romains, dix fois, de la porte Latine et de ses alentours, j'ai vu s'ouvrir d'incomparables échappées sur Saint-Jean et sur les derniers versants du mont Cœlius. Lorsqu'on arrive à l'ancienne porte Asinaria, tout à coup trois statues se détachent sur le bleu du ciel, comme si elles émergeaient du mur de Bélisaire pour venir au-devant de vous. Il n'est pas une ville au monde où de telles perspectives s'offrent en plus grand nombre et paraissent avoir été plus savamment ménagées, que cette Rome, dont les rues étroites, irrégulières, désertes, mal pavées, font le désespoir des syndics soigneux, mais dont la configuration semble dessinée à plaisir pour mettre en relief les belles lignes de l'architecture, et dont les monuments se présentent, se groupent et s'étagent, surtout quand on les voit d'ensemble, avec une telle harmonie.

Les églises de Rome n'ont pas à l'intérieur, on le sait, ce caractère intime et mystérieux que donnent à nos cathédrales gothiques l'élancement des voûtes et le demi-jour tamisé par les vitraux peints. En revanche, elles sont, pour la plupart, environnées d'un cercle de calme et de paix, qui les isole en quelque sorte du monde extérieur, à moins qu'elles ne soient enfouies au milieu de maisons claustrales qui les dérobent au regard. La précieuse basilique de Saint-Clément, avec son église primitive qui vit passer le pape Damase, et ses fresques du cinquième siècle, ouvre dans une ruelle silencieuse son porche, dont la simplicité fait songer au temps des catacombes. Sainte-Cécile s'élève au fond d'une cour, comme la chapelle d'un couvent ; Sainte-Constance, dont la rotonde, soutenue par de belles colonnes de granit accouplées, déroule, dans sa partie supérieure, de ravissantes guirlandes de fleurs, de fruits, d'oiseaux et de petits génies vendangeurs, en mosaïques du quatrième siècle ; dans sa partie inférieure, les restes, encore imposants, des douze Apôtres du Caravage, se cache au milieu d'un jardin reculé. Il en est des monuments de Rome comme de la ville elle-même : ils tiennent plus qu'ils ne promettent. On descend à Sainte-Agnès-hors-les-murs, comme dans un souterrain, par un escalier de quarante-cinq marches. Saint-Stéphane-le-Rond, Saint-Grégoire, Sainte-Marie *in Dominica*, Sainte-Sabine, sont retirées dans des endroits rustiques et silencieux, où l'on respire à la fois le recueillement et les parfums des champs.

Il n'est pas jusqu'à l'absence de quais sur le Tibre qui ne donne à Rome une physionomie spéciale et qui n'ait son genre de beauté. Ces alternatives de maisons baignées par le fleuve, dont elles suivent le cours capricieux, de pentes gazonnées, de ruines poussant une arche disloquée jusqu'au Tibre, à travers un coin de berge où se penche un arbre solitaire, offrent un charme pittoresque inconnu des villes tirées au cordeau. « Horreur ! s'écrie le dernier touriste français qui nous ait raconté son voyage à Rome. Au printemps prochain on démolira ces baraques qui plongent leurs longues jambes dans les eaux jaunes. On arrachera tous ces bosquets verdoyants qui mouillent le bout de leurs branches entre les temples ruinés, les maisons bizarres, les bancs de sable, les replis capricieux du Tibre. On y bâtira des quais ornés de colonnes Rambuteau, et l'on enserrera ce fleuve, dont l'aspect agreste et bouleversé offre tant de charmes ; on l'enserrera dans une rigole en moellons, comme l'on fait des eaux grasses d'un évier[1]. » Il est permis de ne point partager toute la vivacité de cette indignation ; on peut même admettre que, parmi les travaux en vue pour la transformation de Rome, l'établissement de ces quais, projetés déjà à diverses reprises, soit, comme le disait le président de Brosses, « le plus nécessaire et le plus grand embellissement » dont la ville ait besoin ; mais il n'en ressort pas moins que de tels travaux demandent beaucoup de tact, de prudence, de mesure, et que les plus justifiables ne s'accompliront pas sans nécessiter de pénibles sacrifices et sans causer de profonds regrets. Le municipe romain ne semble pas s'en douter ou n'en veut tenir aucun compte. Que ne va-t-il d'abord au plus indispensable, et avant de s'offrir le luxe de gâter pompeusement la ville de Rome, à coups de millions qu'il ne possède point, pourquoi ne s'occupe-t-il pas modestement de curer les égouts qui refluent jusque sur les places publiques, de nettoyer les rues, ou même d'assainir par quelques trouées ce Ghetto sordide et lépreux, aux exhalaisons plus empestées que celle des Marais-Pontins, excroissance malsaine de la Rome chrétienne, où grouille, sous des loques immondes et dans des flots de vermine, une populace de juifs qu'on prendrait pour des générations spontanées d'insectes humains éclos dans la fange, l'immondice et la pourriture !

Rome est la ville des ruines, des reliques, des tombes et des martyrs, la ville des clairs de lune et des couchers de soleil. La Voie Appienne, bordée de monuments funèbres sur une longueur de plusieurs lieues, et où, entre les sépulcres des Scipions et le tombeau de Cécilia Métella, s'ouvrent les catacombes des premiers chrétiens, c'est bien là l'entrée qui lui convient. Il s'attache à elle quelque chose du charme mélancolique de ces ruines qu'elle possède plus que toute autre ville, et dont elle a la majesté, la grandeur impo-

---

[1] L. Teste, *Notes sur Rome et l'Italie.*

sante, la tristesse aussi. Mais les ruines de Rome sont fécondes et vivantes : le soleil les dore de ses rayons, le lierre les festonne, la fleur les parfume, le souvenir les anime; la croix les protége et les ressuscite : ici l'histoire parle, et Dieu là. C'est dans le silence et la solitude qu'il faut aller chercher la plupart de ses monuments illustres; ce silence aide l'imagination et ajoute à l'effet : qu'on leur fasse un cercle de cafés et une atmosphère de bruit, ils perdront la moitié de leur grandeur. Gœthe a décrit la beauté de Rome parcourue au clair de lune, et il recommande de visiter ainsi non-seulement le Colisée, mais le Panthéon, le Capitole, le péristyle de Saint-Pierre, les places et les rues principales. Les couchers de soleil y revêtent une splendeur et une poésie incomparables : on vient voir coucher le soleil du haut du Pincio, comme on va le voir lever sur le Rigi. Combien de fois aussi, de la terrasse de Saint-Pierre-in-Montorio, du jardin de Sainte-Sabine, qui garde encore la trace des pas de Lacordaire, et où l'on vit refleurir l'olivier de saint Dominique pour souhaiter la bienvenue au jeune novice; des hauteurs de Saint-Onofrio, au pied du chêne colossal creusé par la foudre, sous lequel le Tasse aimait à s'asseoir, ne me suis-je point absorbé dans la contemplation de cette forêt de ruines, de dômes et de colonnes étincelant aux derniers feux du jour, noyés sous des flots de pourpre et d'or, puis s'enfonçant peu à peu dans l'ombre et détachant sur le ciel obscurci, dans la pâle clarté des étoiles, leurs silhouettes vigoureuses, tandis que d'un bout à l'autre du pont Saint-Ange et sur la pente des collines dominées par de grandes masses noires de verdure, s'allumaient des lueurs lointaines qu'on voyait trembler dans la nuit! Cet incomparable spectacle s'harmonise à merveille avec le caractère général de Rome. L'impression qu'elle cause est une joie grave, un plaisir austère, qui n'a rien de la sensation voluptueuse qu'on éprouve à Florence, surtout à Naples, rien de la mollesse qu'on respire dans l'air sur les bords enchantés de Sorrente et du Pausilippe, devant ce golfe séduisant, où l'œil cherche instinctivement les sirènes antiques. Partout la sensation de l'immensité, de l'infini, de l'immortel et de l'indestructible.

Quelle unité entre cette ville, le caractère tranquille et sérieux de ses habitants, la beauté majestueuse et forte de la Transtévérine, dans les veines de laquelle court le plus pur sang romain, la noblesse et la solidité de ses monuments, la physionomie de sa campagne aux grandes lignes sévères, à l'aspect solennel et désolé, vaste comme la mer, semée de tombeaux, de débris, d'aqueducs croulants que semblent continuer à l'horizon les ondulations de ces montagnes si parfaitement assorties avec les ruines qu'elles encadrent! Rome est bien la ville éternelle, non-seulement parce que pas une autre n'en a égalé la durée, parce que sa suprématie antique s'est perpétuée sous une autre forme, mais aussi parce que de tous les artistes qui l'ont enrichie, aucun n'a plus fait que le Temps, et qu'elle participe au caractère immuable de la religion dont elle reste encore la capitale. Rien ne changeait à Rome : on y retrouvait, à côté du Palais des Césars, des rostres de Cicéron, des basiliques et des catacombes, la maison de Raphaël, la boutique de la Fornarina, l'auberge de Montaigne. Le Temps seul y faisait son œuvre, substituant peu à peu, avec sa lenteur solennelle, à un monument superbe une ruine plus belle, plus grande, plus imposante encore. On ne peut se passer du temps à Rome. Elle a été formée par les siècles. Habiller à la mode contemporaine ce vieillard auguste, c'est vouloir le ridiculiser à plaisir.

Le charme profond de Rome ne peut être goûté que par un esprit déjà mûr et une âme déjà formée. Les intelligences frivoles et les jeunes gens ne la comprennent pas. Elle a besoin d'une initiation; elle se révèle peu à peu. Il faudrait s'y préparer par une série d'épreuves successives et y pénétrer par degrés. Autrefois, on arrivait à Rome en s'acclimatant à mesure que l'on avançait, en se haussant chaque jour de plus en plus vers le niveau voulu. On voyait même les pèlerins s'acheminer à pied vers la ville des Apôtres, en chantant des cantiques, et baiser la terre quand ils apercevaient enfin le but sacré de leur voyage, comme les croisés à la vue de Jérusalem. Le chemin de fer a changé tout cela. Je ne me plains pas; je constate. Qu'on veuille bien croire que je ne pousse point l'amour irréconciliable du passé jusqu'à pleurer le coche et à maudire la locomotive : ce serait un acte d'ingratitude personnelle, car c'est à elle seule que des gens pris tout entiers dans l'engrenage du journalisme parisien, qui ne lâche pas aisément sa proie, doivent de pouvoir s'échapper un moment et consacrer à voir Rome le temps qu'ils eussent mis autrefois à y arriver. Mais enfin, il n'en est pas moins vrai que la vapeur a détruit l'initiation progressive. Aujourd'hui, on ne gagne plus Rome à petites journées, on y est jeté la tête la première. Le voyageur qui prend le train rapide peut déjeuner le lundi matin chez Brébant, dîner le lendemain soir au buffet de Florence, et le mercredi, quarante-trois heures après son départ, assister à la messe du pape. On veut maintenant lui ménager le plaisir de retrouver Paris à Rome et le boulevard Montmartre au pied de l'Aventin. Il pourra croire, à la rigueur, qu'il a rêvé son voyage, ou qu'il vient de débarquer à Rouen.

Pour se protéger, Rome peut heureusement compter sur la disette proverbiale du Trésor italien. Sans cet obstacle, d'une ville incomparable on eût fait déjà, à grand renfort d'anachronismes cho-

quants et de monstrueuses disparates, une capitale de troisième
ordre. Comparez ce qu'est devenu le Quirinal avec ce qu'est resté
le Vatican. En s'emparant du premier, les Italiens ont renvoyé dé-
daigneusement au pape l'antique mobilier qui le garnissait, et les
tapissiers à la mode ont été chargés d'en mettre l'ameublement
à la hauteur de ses destinées nouvelles. Les domestiques du roi
d'Italie vous promènent, en se recommandant à votre générosité,
à travers les merveilles d'un luxe éblouissant. Mais pour peu
que vous vous rappeliez l'histoire de ce vénérable palais aposto-
lique, vous vous sentez choqué du contraste entre la grandeur de
tels souvenirs et la petitesse mesquine de toutes ces élégances modernes. On a fait du Quirinal un vaste boudoir. Vous venez de voir
la chapelle où se tint le dernier conclave, la salle du consistoire
secret, la salle des congrégations, le balcon d'où fut proclamé le
nom de Pie IX; en vous retournant, vous voyez des bergères, des
divans capitonnés, toutes sortes de jolis petits meubles de soie et
de satin qui semblent sortir de la rue Bréda. Le domestique vous
fait constater la dorure des fauteuils et l'élasticité des poufs; il
tourne complaisamment sur leur piédestal les statues efféminées
qui ornent les salons, pour vous en étaler la nudité savante sous
toutes ses faces. Au sortir de là, entrez au Vatican : vous y retrou-
verez, avec les antiques traditions, les anciens meubles dans les
vastes salles décorées de tapisseries et de fresques. Vous rencon-
trerez, sous leurs costumes séculaires, les valets-de-chambre, les
familiers secrets, les gardes-nobles, qui semblent descendus d'un
tableau de la Renaissance. Vous serez accueilli sur le seuil par ces
hallebardiers dont le justaucorps bariolé, le panache rouge, la fraise
du seizième siècle, produisent d'abord un si étrange effet de surprise
sur des yeux accoutumés à nos habits ternes et sans caractère. Mais
replacez-les, par l'imagination, dans leur cadre primitif, — la Rome
de Léon X et de Jules II, au milieu du cortége éblouissant des cardinaux, vêtus de pourpre, et du pape trônant sur la *sedia gestatoria;*
mettez là-dessus le soleil italien, tout autour la foule ondoyante des
contadini ou des Romains en habits de fête, des pèlerins et des curieux
cosmopolites, et vous vous expliquerez alors ce costume aux vives
couleurs. Sans remonter jusque-là, quand on a vu les Loges, les
Chambres, la Chapelle Sixtine, la Bibliothèque, on s'aperçoit qu'il
ne fait point mauvaise figure, même aujourd'hui, dans ce palais où
tout rappelle, à chaque pas, les magnificences du passé. Il a été,
dit-on, dessiné par Raphaël ou par Michel-Ange, et le Vatican, qui
est la patrie de la tradition, l'a conservé comme tout le reste. Le
Vatican est la seule partie de la ville qui reste fermée aux embellissements modernes des Haussmann italiens, et je vois dans le

Quirinal, modernisé par les tapissiers, le symbole de Rome envahie par la ligne droite et par la civilisation de boulevard.

Qui pourrait dire où l'on s'arrêtera? Sur la pente où ils roulent, les nouveaux maîtres de Rome seront poussés plus loin qu'ils ne le veulent peut-être : ils subiront des influences et des entraînements contre lesquels ils se sont désarmés d'avance. L'un des plus fameux tribuns italiens a confessé publiquement un jour que, dans sa révolte contre les prodiges de l'art qui ont fait de Rome la ville des pontifes, il avait caressé le projet de miner Saint-Pierre, afin d'abîmer la papauté sous la chute de son temple. Un des chefs du parti avancé, M. le comte Giuseppe Ricciardi, poëte, historien, homme politique, homme d'action, qui fut député au Parlement et promoteur de l'anti-concile de Naples en 1869, a dévoilé, dans son *Histoire d'Italie de* 1850 *à* 1900, le sort qu'il rêve pour la basilique et pour les monuments chrétiens de Rome : il nous montre, dans sa prophétie, le vestibule de Saint-Pierre déblayé des statues équestres de ces deux malfaiteurs, Charlemagne et Constantin, l'intérieur purifié de tous les ornements de la superstition, et la louve installée sur l'autel, en place du tabernacle. Par cet échantillon, qu'on juge du reste. Il a toujours été permis d'aller demander aux enfants terribles le dernier mot des partis dont ils trahissent le secret, et il n'est pas possible de rejeter ces témoignages sous prétexte qu'ils émanent de fanatiques : ces fanatiques ne sont point les premiers venus ; ils s'appellent Légion, et leur influence est grande à Rome, aussi bien, plus encore que dans toute l'Italie. La situation particulière du gouvernement, forcé, par son origine, d'être antireligieux, — mettons anticlérical, ce qui est la même chose, — et condamné envers la papauté, qui le repousse et contre laquelle il s'est établi, à cet antagonisme *quand même* qui est sa seule explication, leur prête, là surtout, une force presque irrésistible et, bon gré mal gré, une sorte d'appui officiel.

Mais ces brutalités effarouchent-elles les gens qui n'aiment pas une lumière si crue? Nous n'aurions que l'embarras du choix dans les conseils prodigués à la junte municipale par les journaux amis. On l'exhorte à s'affranchir de délicatesses surannées, à ne point écouter des réclamations rétrogrades. Je lisais, il y a quelques jours (7 novembre), une correspondance de Rome adressée au *Rappel*, où les idées et les projets des italianissimes, en ce qui concerne leur capitale actuelle, sont dévoilés avec une franchise qui peut passer pour de l'ingénuité. Le correspondant avoue bien que « la Rome en voie de formation aura le tort de ressembler un peu à toutes les villes modernes, et qu'on ne saura pas voir tout de suite si l'on est à Londres dans Piccadilly, rue de Rivoli à Paris, ou près du Tibre sur un Corso quelconque; » de plus, qu'elle « ne se fera certainement pas sans jeter bas plus ou moins quelques parties de ses aînées, car les boulevards rectilignes sont impitoyables et les *corsi* circulaires ne le sont pas moins. De là des regrets qu'on peut prévoir d'avance » et que le correspondant veut bien considérer comme fort légitimes. « Toutefois, dès qu'il le pourra, le municipe romain paraît résolu à tailler largement. Rien ne dit que M. Haussmann ne sera pas ici dépassé. » Une seule chose peut rassurer, « au moins pour quelque temps, » les amis de la Rome antique et de la Rome papale : « c'est que l'argent est plus rare ici que les projets et la bonne volonté. » Pour la Rome des Césars, le correspondant du *Rappel* est plein de respect; et il « espère que rien, *ou presque rien*, n'en sera sacrifié. » Mais, ajoute-t-il, « pour la Rome papale, je ne saurais demander grâce également, d'abord parce qu'elle m'attache moins, ensuite parce que ce serait condamner les Romains actuels à vivre dans la saleté, sans lumière et sans jour. De cette Rome, sauf les monuments, on peut tout prendre; plus on en prendra, plus j'applaudirai. Et quand je dis : sauf les monuments, je n'entends pas réserver les trois cent quarante églises ou basiliques qui l'encombrent.

« Beaucoup de ces monuments, formés des dépouilles mal assorties des temples païens, n'ont réellement nulle valeur artistique. Un assez grand nombre possèdent des tableaux estimés, et c'est un malheur, car nulle part la peinture n'est maltraitée comme dans les églises à la fumée continuelle de l'encens et des cierges. Un musée réclame tous ces chefs-d'œuvre épars, et il n'est que temps si on veut les sauver. Quant aux besoins de la population catholique, on doit espérer qu'une cinquantaine d'édifices religieux suffiront à moins de 300,000 habitants. »

Si le syndic de Rome a lu cette correspondance, il a dû la trouver fort judicieuse et tout à fait modérée. Il est clair, en effet, qu'en se substituant au souverain-pontife, la monarchie italienne s'est mise dans la nécessité de changer la physionomie et le caractère de Rome pour les adapter à sa destination nouvelle. Elle le doit sous peine d'avouer son usurpation, mais elle ne le peut sans une sorte de sacrilége. Le pèlerin, à qui la porte Pia rappelle le souvenir douloureux de la chute du gouvernement pontifical, est froissé d'y voir l'étalage malséant des inscriptions qui produisent l'effet d'une épitaphe triomphante écrite sur la tombe d'un ennemi. Pour y arriver, il parcourt la rue du Vingt-Septembre, où il rencontre l'amorce de la rue Castelfidardo, et il doit faire effort pour se souvenir que ce nom, à Rome, est celui d'une victoire et non d'une défaite héroïque. Le jour où elle a placé dans la petite église de Santa-Costanza une plaque de marbre à la mémoire des soldats tombés pour l'unité italienne, la municipalité n'a voulu, j'y consens, que rendre hommage à des morts; mais cet hommage, aux lieux où la papauté habite encore, se change en un outrage au pontife qu'on prétend environner de respects. Qui sait? Dans son empressement à honorer le héros qu'on a eu la douleur de battre à Aspromonte et de laisser battre à Mentana, peut-être n'a-t-elle même pas soupçonné ce qu'il y avait d'indécent pour les chrétiens et de ridicule pour tout le monde à baptiser du nom de Garibaldi la rue qui conduit au Janicule, où fut martyrisé saint Pierre. En effaçant partout où elle le pourra le cachet des papes pour le remplacer par la marque de la royauté, en faisant ou en s'efforçant de faire d'une ville religieuse une ville politique, d'une ville antique une ville moderne, d'une ville historique et légendaire une ville industrielle et banale, elle est condamnée à bien d'autres contre-sens encore. Quand on s'appelle Rome, c'est jouer un jeu de dupe que de vouloir prendre la place de Turin, et lorsqu'on a été la capitale du monde, c'est bien descendre que de devenir la capitale de l'Italie : loin de dissimuler cette chute, tous les travaux, les boulevards, les quais, les plaques de marbre, les cordeaux, les fils-à-plomb et les coups de pioche de la municipalité ne feront que l'accuser davantage. La Rome des papes était unique au monde; la Rome de Victor-Emmanuel ne s'élèvera jamais à la hauteur de Lisbonne ou de Bruxelles.

PARIS. — IMP. SIMON RAÇON ET COMP., RUE D'ERFURTH, 1